BEI GRIN MACHT SICH IHR WISSEN BEZAHLT

- Wir veröffentlichen Ihre Hausarbeit, Bachelor- und Masterarbeit

- Ihr eigenes eBook und Buch - weltweit in allen wichtigen Shops

- Verdienen Sie an jedem Verkauf

Jetzt bei www.GRIN.com hochladen und kostenlos publizieren

Problemlösen. Dreieck mit 3 gegebenen Seitenlängen mit Zirkel konstruieren

Klasse 7, Mathematik, integrierte Gesamtschule

Jonathan Schrempf

Bibliografische Information der Deutschen Nationalbibliothek:

Die Deutsche Nationalbibliothek verzeichnet diese Publikation in der Deutschen Nationalbibliografie; detaillierte bibliografische Daten sind im Internet über http://dnb.d-nb.de abrufbar.

ISBN: 9783668636309
Dieses Buch ist auch als E-Book erhältlich.

Druck und Bindung: Books on Demand GmbH, Norderstedt Germany
Gedruckt auf säurefreiem Papier aus verantwortungsvollen Quellen

Das vorliegende Werk wurde sorgfältig erarbeitet. Dennoch übernehmen Autoren und Verlag für die Richtigkeit von Angaben, Hinweisen, Links und Ratschlägen sowie eventuelle Druckfehler keine Haftung.

Das Buch bei GRIN: https://www.grin.com/document/412300

Jonathan Schrempf

| Unterrichtsvorbereitung |
| anlässlich eines Unterrichtsbesuches nach DB § 14 (6) APVO-Lehr |

Fach: Mathematik
Schule: Integrierte Gesamtschule in Niedersachsen
Datum: 28.11.2017
Zeit: 10:30-11:15 Uhr

Inhalt

1. Thema und Groblernziel der Unterrichtseinheit

1.1. Thema der Unterrichtseinheit

Dreiecke und Kongruenzsätze

1.2. Groblernziel der Unterrichtseinheit

Die SuS lernen die verschiedenen Dreieckstypen kennen, zeichnen und konstruieren Dreiecke und wenden Kongruenzsätze an. Außerdem lernen sie erste Beweise kennen, indem sie beweisen, dass die Innenwinkelsumme von Dreiecken 180° beträgt.

2. Gliederung der Unterrichtseinheit mit Themen und didaktischen Schwerpunkten

Stunde	Thema	Didaktischer Schwerpunkt
1	Winkel messen, Winkelarten, Dreiecke im Alltag	Die SuS widerholen Unterrichtsstoff aus der 6ten Klasse: messen verschiedene Winkel, benennen Winkelarten und nennen Dreiecke aus dem Alltag
2	Dreieckstypen	Die SuS sortieren Dreiecke nach den Eigenschaften Seitenlänge und Winkel und erarbeiten sich somit die verschiedenen Dreieckstypen.
3-5	Dreieckstypen und - Dreiecksbeschriftung	SuS zeichnen Dreiecke, beschriften diese und ordnen sie den Dreieckstypen zu.
6	Winkel zeichnen	SuS wiederholen das einzeichnen von gegebenen Winkelgrößen mit dem Geodreieck.
7-10	Dreiecke zeichnen	SuS zeichnen Dreiecke nach SWS und WSW und erkennen, dass die Dreiecke eindeutig und kongruent sind.
11	Zirkel und Kreiseigenschaften	SuS wiederholen, wie der Radius am Zirkel eingestellt wird und welche Eigenschaft die Kreislinie hat (Abstand zum Mittelpunkt).
12	Dreiecke konstruieren	SuS konstruieren Dreiecke (SSS) mit Hilfe des Zirkels und beschreiben den Konstruktionsweg.
13	Kongruenz SSS	SuS erkennen, durch ausschneiden und übereinanderlegen, dass die Konstruktion von Dreiecken mit drei gegebenen Seitenlängen eindeutig ist und die Dreiecke somit kongruent.
14/15	Dreiecke konstruieren	Übungs- und Anwendungsaufgaben
16	Klassenarbeit	

3. Thema und Groblernziel der Stunde

3.1. Thema der Unterrichtsstunde

Dreiecke konstruieren mit Zirkel (SSS)

3.2. Groblernziel der Unterrichtsstunde

Erarbeiten sich die Konstruktion von Dreiecken mit drei gegebenen Seitenlängen (SSS), indem sie den Standort des Skifahrers bestimmen.

4. Kerncurriculare Einordnung der Stunde

Prozessbezogenen Kompetenzen

Kompetenzbereich	Erwartete Kompetenz
Mit symbolischen, formalen und technischen Elementen der Mathematik umgehen	Die Schülerinnen und Schüler… • nutzen Lineal, (Geodreieck, Zirkel.) (a)
Kommunizieren	• teilen ihre Überlegungen anderen verständlich mit. (b) • präsentieren Überlegungen und Ergebnisse in kurzen Beiträgen. (c)
Probleme mathematisch lösen	• wenden heuristische Strategien an: systematisches Probieren, (…) Zurückführen auf Bekanntes. (d)

Inhaltsbezogene Kompetenzen

Kompetenzbereich	Erwartete Kompetenz
Raum und Form	• zeichnen und konstruieren mit Zirkel und Geodreieck (e) • erstellen maßstäbliche Zeichnungen. (f)

5. Lernziele mit Angaben zu kerncurricularen Bezügen (erwartete Kompetenzen)

Die SuS…

FLZ 1… erkennen, dass ein Dreieck mit drei gegebenen Seitenlängen mit dem Zirkel konstruiert werden muss, indem sie verschiedene Lösungsansätze miteinander vergleichen. (a, d, e)

FLZ 2… erkennen, dass das Dreieck des „Skifahrers" durch drei gegebene Seiten konstruiert wird, indem sie die Angaben des Dreiecks analysieren. (e)

FLZ 3… begründen, dass der Schnittpunkt zweier Kreise, der Punkt ist, der zu beiden Mittelpunkten (Masten) den jeweiligen Radius als Abstand hat. (a, e)

DLZ 1…E-Niveau: begründen, dass es zwei dieser Schnittpunkte geben kann, die die Bedingung der Abstände erfüllen.

DLZ2… erstellen eine Konstruktionsbeschreibung, indem sie einen Lückentext ausfüllen (G-Niveau) oder eine freien Text schreiben (E-Niveau).

LLZ 1... üben Ergebnisse zu präsentieren, indem sie dieses verständlich und anschaulich ihren Mitschülern vortragen. (b, c)

6. Literatur/Quellenangaben

Literatur:

- Niedersächsisches Kultusminiserium (Hrsg.): *Kerncurriculum für die Integrierte Gesamtschule*, Schuljahrgänge 5 – 10. Mathematik. (2012)

Abbildungen/Bildquellen:

- Arbeitsblätter: selbst erstellt, inkl. aller Zeichnungen und Bilder

Zeit LZ	Phase	Unterrichtsverlauf	Arbeitsform/ Medien	Didaktisch-methodischer Kommentar
10:30	Begrüßung	L begrüßt SuS und Gäste.	Plenum	
10:33	Einstieg	L: stellt Geschichte über Bergwacht kurz vor. Zwei Masten empfangen Signale von einem Verschütteten. Entfernung zu Mast A: 5 km, Mast B: 7 km. L: wie könnte die Frage lauten, die wir heute klären wollen? SoS teilt Arbeitsblatt aus.	Plenum/ Lehrererzählung Activboard	Die Geschichte soll die SuS motivieren den Standort des Skifahrers zu bestimmen. Da Dreiecke in dieser Stunde noch nicht explizit angesprochen wurden, wird ja einigen Schülern gar nicht auffallen, dass Sie hierfür ein Dreieck konstruieren müssen. Dennoch können die Schüler das Problem lösen. Was die Schüler mathematisch gemacht haben, wird im Anschluss geklärt.
10:38 FLZ 3 FLZ 1	Erarbeitung 1	SuS bestimmen mit Zirkel oder durch schrittweise Annäherung die Position des Skifahrers. Erstellen aus den Punkten Mast A, Mast B und Skifahrer ein Dreieck und beschriften dies.	Partnerarbeit Arbeitsblatt 1	Durch die beiden Schnittpunkte werden zwei kongruente Dreiecke konstruiert. Jedoch wird die Kongruenz dieser beiden Dreiecke und der sich durch Achsspiegelung ändernde Umlaufsinn erst in der folgenden Stunde behandelt.
10:50 LLZ 1 DLZ 1	Zwischensicherung	SuS präsentieren Lösungsweg mit Hilfe der Boardkamera.	Kamera Activboard Plenum	Die SuS müssen ihren eigenen Lösungsweg begründen und kommentieren können, um ihn den anderen SuS vorzustellen. Wichtig ist hier, dass wiederholt wird, wie die beiden Kreise eingezeichnet werden und was die Schnittpunkte für eine besondere Eigenschaft haben.
10:58 FLZ 2 FLZ 4	Erarbeitung 2	Welche Angaben waren für die Dreiecke gegeben? → SSS SuS konstruieren ein Dreieck mit drei gegebenen Seitenlängen auf 2 Niveaus. SuS erstellen eine Konstruktionsbeschreibung.	Arbeitsblatt 2	Auf G-Niveau wird wie beim Skifahrer eine Strecke vorgegeben, sodass die SuS „nur" mit dem Zirkel den Schnittpunkt C konstruieren müssen. Hier wird ein Lückentext vervollständigt. Auf E-Niveau wird diese Strecke nicht gezeichnet vorgegeben. Hier sollen die SuS einen freien Text zum Vorgehen der Konstruktion schreiben.
11:08	Sicherung	SuS präsentieren ihre Konstruktionsbeschreibungen.	Plenum Activboard	Da das Beschreiben der einzelnen Konstruktionsschritte den SuS nicht leicht fallen wird, muss an dieser Stelle evtl. verstärkt auf Fehler und Verbesserungen hingewiesen werden.
11:15	Schluss			

Zeitplus: Zusatzaufgaben werden bearbeitet und besprochen

Zeitminus: Die Zeit für die Bearbeitung des zweiten Arbeitsblatts wird verkürzt. Und am Smartboard gemeinsam erarbeitet.

Als **Einstieg** wurde ein Skifahrer auf dem ActivBoard® gezeigt[1]. „Mein Onkel war vor zwei Wochen Skifahren und dabei ist etwas passiert.

Zweites Bild: Lawine.

„Genau mein Onkel wurde von einer Lawine verschüttet."

Drittes Bild: Lawinenpiepser.

„Aber zum Glück hatte er einen Lawinenpiepser bei sich. Diese Geräte senden Signale aus und damit kann dann ein Verschütteter gerettet werden.

Viertes Bild: Skigebiet

Um einen Verschütteten zu retten benötigt man zwei Empfangsmasten, die die Signale des Lawinenpiepsers empfangen können[2]"

Am ActivBoard® wurden zwei Masten eigezeichnet: Mast A und Mast B.

„Mast A empfängt ein Signal, dass 5 km weit weg ist und Mast B empfängt ein Signal, dass 7 km weit weg ist.

---

[1] Aus Copyrightgründen werden diese Bilder hier nicht mit veröffentlicht.
[2] Technisch funktionieren Lawinenpiepser anders und haben nicht so eine große Reichweite, dass sich Masten lohnen würden. Die Schüler waren jedoch dadurch sehr motiviert. In der Folgenden Stunde wurde die genaue Funktionsweise nochmals kurz erläutert.

Skifahrer 1

Informationen zur Position:
Entfernung von Mast **A** zum Skifahrer: **5 km**

Entfernung von Mast **B** zum Skifahrer: **7 km**

1. **Bestimme** die Position des Skifahrers.

2. **Prüfe** dein Ergebnis. **Miss** die Entfernungen und vergleiche mit den Informationen aus dem Kasten.

3. **Zeichne** den Weg der Rettungssanitäter ein (von **Mast A** zum Skifahrer und von **Mast B** zum Skifahrer).

4. **Beschrifte** die Eckpunkte und Strecken.

Zusatzaufgabe:. Wie viele Möglichkeiten für die Position des Skifahrers gibt es? Begründe deine Antwort!

_____

_____

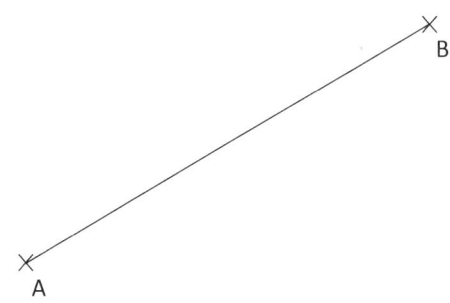

Skifahrer 1 - Lösung

Informationen zur Position:
Entfernung von Mast **A** zum Skifahrer: **5 km**

Entfernung von Mast **B** zum Skifahrer: **7 km**

1. **Bestimme** die Position des Skifahrers.

2. **Prüfe** dein Ergebnis. **Miss** die Entfernungen und vergleiche mit den Informationen aus dem Kasten.

3. **Zeichne** den Weg der Rettungssanitäter ein (von **Mast A** zum Skifahrer und von **Mast B** zum Skifahrer).

4. **Beschrifte** die Eckpunkte und Strecken.

Zusatzaufgabe:. Wie viele Möglichkeiten für die Position des Skifahrers gibt es? Begründe deine Antwort!
Es gibt zwei Mögliche Positionen für den Skifahrer, da es zwei Punkte gibt, die jeweils 5km zu Mast A und 7 km zu Mast B entfernt sind.

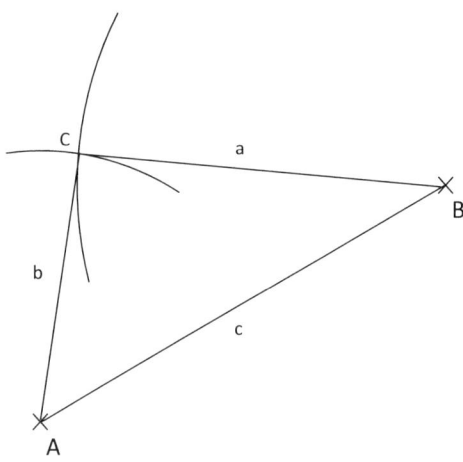

Dreiecke konstruieren – **G**-Niveau

1. Welche Angaben des Dreiecks (Skifahrer 1) waren gegeben?

_____

2. **konstruiere** das Dreieck mit a = 5 cm, b = 7 cm und c = 9 cm. Erstelle zunächst eine Planskizze.

Planskizze:

A _____ B

3. **Beschreibe** Schritt für Schritt wie du vorgegangen bist:

Zuerst wird eine _____skizze mit den gegebenen Angaben erstellt. Anschließend wird eine Strecke z. B. die **Strecke c** mit dem Lineal oder _____ eingezeichnet. Nun wird um **Punkt A** mit dem _____ ein Kreis mit dem Radius _____ eingezeichnet. Anschließend wird um Punkt B _____.

Der Schnittpunkt der beiden _____.

Nun werden die Strecke _____ eingezeichnet und das _____ beschriftet.

Zusatzaufgabe: konstruiere ein weiteres Dreieck auf der Rückseite:

a = 11 cm   b = 6 cm   c = 8 cm

Dreiecke konstruieren – **E**-Niveau

1. Welche Angaben des Dreiecks (Skifahrer 1) waren gegeben?

_____

2. **konstruiere** das Dreieck mit a = 5 cm, b = 7 cm und c = 9 cm. Erstelle zunächst eine Planskizze.

3. Zuerst wird eine _____skizze mit den gegebenen Angaben erstellt. Anschließend wird eine Strecke eingezeichnet z.B. Strecke _____

_____
_____
_____
_____
_____

Zusatzaufgabe: konstruiere ein weiteres Dreieck auf der Rückseite:

a = 11 cm   b = 6 cm   c = 8 cm

Dreiecke konstruieren – **G**-Niveau - Lösung

1. Welche Angaben des Dreiecks (Skifahrer 1) waren gegeben?

_____

2. **konstruiere** das Dreieck mit a = 5 cm, b = 7 cm und c = 9 cm. Erstelle zunächst eine Planskizze.

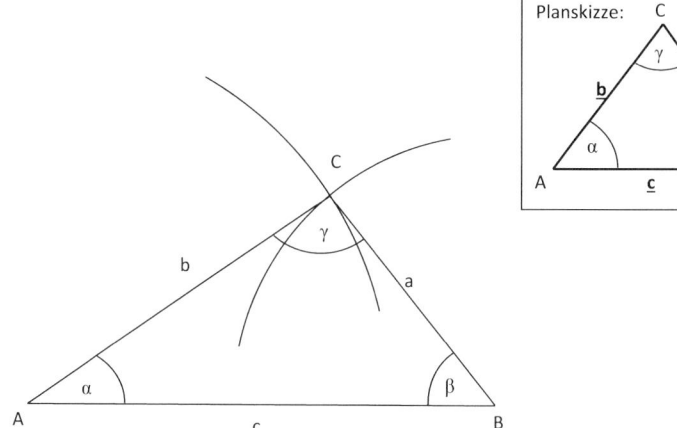

3. **Beschreibe** Schritt für Schritt wie du vorgegangen bist:

Zuerst wird eine **Plan**skizze mit den gegebenen Angaben erstellt. Anschließend wird eine Strecke z. B. die **Strecke c** mit dem Lineal oder **Geodreieck** eingezeichnet. Nun wird um Punkt A mit dem **Zirkel** ein Kreis mit dem Radius **b = 7 cm** eingezeichnet. Anschließend wird um Punkt B **ein Kreis mit dem Radius a = 5 cm eingezeichnet.**

Der Schnittpunkt der beiden **Kreise bildet Punkt C.**

Nun werden die Strecken **a und b** eingezeichnet und das **Dreieck** beschriftet.

Zusatzaufgabe: konstruiere ein weiteres Dreieck auf der Rückseite:

a = 11 cm   b = 6 cm   c = 8 cm

TIPPKARTE 1: Zirkel einstellen

Zirkel auf Radius = 5 cm einstellen

TIPPKARTE 2: Dreiecke konstruieren 1

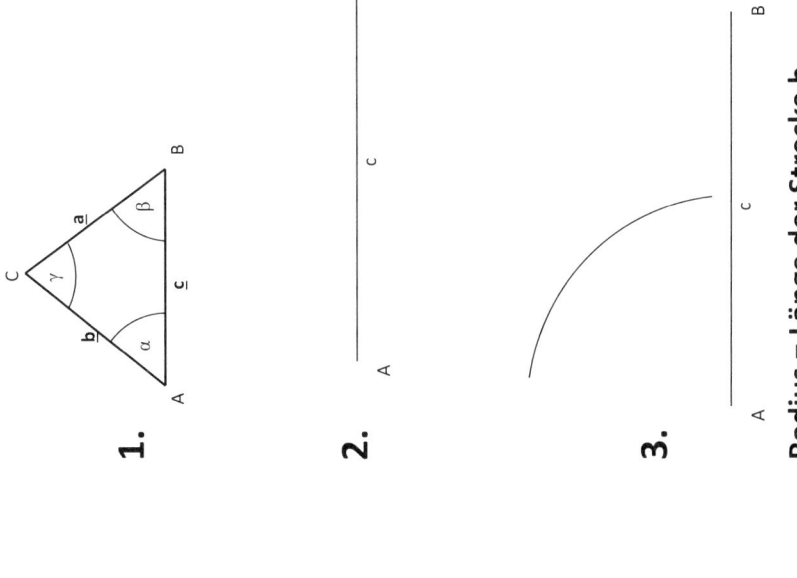

1.

2.

3.

Radius = Länge der Strecke b

TIPPKARTE 3: Dreiecke konstruieren 2

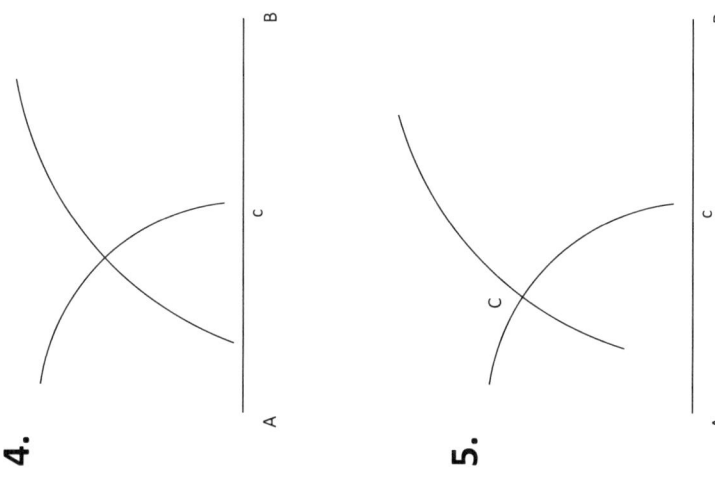

4.

A C B

5.

A C B